MANIERE
DE CULTIVER LA VIGNE
ET
DE FAIRE LE VIN
EN CHAMPAGNE,

Et ce qu'on peut imiter dans les autres Provinces, pour perfectionner les Vins.

A REIMS,

Chez BARTHELEMY MULTEAU, Imprimeur de Son Excellence
Monseigneur l'Archevêque Duc de Reims, ruë des Esûs.

M. DCC. XVIII.
AVEC PERMISSION.

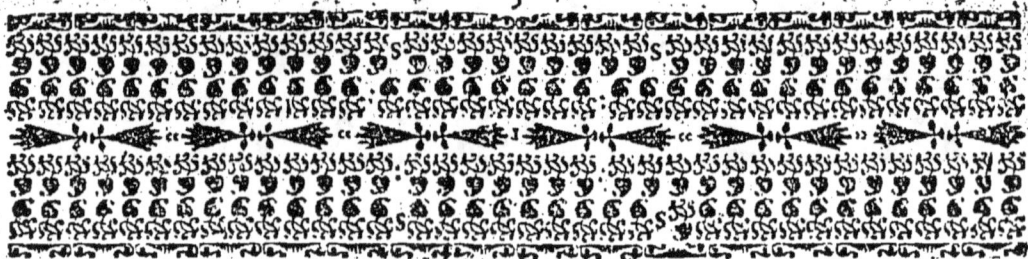

MANIERE

DE FAIRE LE VIN

EN CHAMPAGNE,

Et ce qu'on peut imiter dans les autres Provinces
pour le perfectionner.

L E VIN eſt une liqueur ſi gracieuſe, & un
aliment ſi propre pour donner de la force,
& pour entretenir la ſanté, quand on en uſe
modérément, qu'il y a lieu de s'étonner, que
dans la plûpart des Provinces du Roïaume, on le faſſe
avec tant de négligence, dans des Lieux ſur-tout, où il
pourroit être excellent.

Les Champenois ſont à couvert de ce reproche ; Et
ſoit délicateſſe de goût, ſoit envie de profiter davantage ſur les Vins, ſoit facilité à les rendre meilleurs, ils
ont été dans tous les tems fort induſtrieux à les faire plus
exquis que dans les autres Provinces du Roïaume. Il eſt
vrai, qu'il n'y a guéres que cinquante ans qu'ils ſe ſont

étudiez à faire du Vin gris, & presque blanc ; mais auparavant, leur Vin, quoi-que rouge, étoit fait avec plus de
soin & de propreté, que tous les autres Vins du Roïaume.

On n'entrera point dans l'ancienne & nouvelle dispute
sur la préférence entre les Vins de Champagne & de
Bourgogne ; on se contentera d'observer tout ce que les
Champenois ont imaginé, pour donner à leur Vin toute
la finesse & l'agrément possibles ; Et par les observations
que l'on raportera, il sera facile de voir ce que l'on pourra
imiter dans les Provinces, pour aprocher de cette légéreté
& de cette délicatesse ; Si les commencemens donnoient
des espérances pour l'avenir, on pourroit insensiblement
perfectionner les Vins dans ces Provinces, où ils devroient
être délicieux, & où ils ne font que trés communs, parce-
qu'on ne s'est jamais étudié à leur donner de la finesse.

Afin qu'un Vin soit exquis, il faut, que la Vigne soit
bien exposée au Soleil, sur-tout au Midy, & même en
pente, ou en façon de côteau, plûtôt qu'en plaine ; que
les seps, qui la composent, soient bien choisis, & qu'ils
ne fassent généralement que de petits raisins noirs ; que
le fond de terre soit bon, un peu pierreux, & non humide par luy-même. Le grain de terre de Champagne est
trés fin, & il a une qualité si singuliere, qu'on ne la trouvera jamais dans les autres Provinces.

Comme ces sortes de terres font legeres, on a soin d'y
mettre de tems-en-tems du fumier & de la terre neuve.
Il ne faut que peu de fumier ; La trop grande quantité
rendroit le Vin mol & fade, & facile à graisser. Il faut
communement du fumier de Vache, parce qu'il est moins
chaud que celuy de Cheval ; dans les terres fortes, on

peut le mêler avec du fumier de Cheval & de Brebis, pourvû que celuy de Cheval soit si pourri, qu'il soit reduit en poudre, & qu'on n'en mette que moitié de celuy de Vache, sans quoi il bruleroit les seps. On le voiture dans une fosse, & on mêle un lit de fumier & un lit de terre neuve; on laisse bien pourrir le tout pendant l'hiver; & vers le mois de Fevrier, on en porte une demi hôtée à chaque sep, sur-tout aux nouveles plantes, pour les aider à pousser; Il suffit de fumer ainsi tous les huit ou dix ans une Vigne, ou une huitiéme ou dixiéme partie par chacun an. Dez que le fumier est porté, il faut l'étendre autour du sep, faire une petite fosse sur le derriere, ou la partie élevée du sep, & l'enterrer, s'il fait un tems propre; Bien des gens le laissent des semaines entieres, avant de l'enterrer ; & ce n'est pas mieux, parce que l'air, le froid, ou le Soleil en font dissiper la substance la plus subtile; mais quand il ne fait ni trop froid ni trop chaud, on peut le laisser découvert huit ou dix jours, parce qu'il exhale sa mauvaise odeur, sur-tout celuy de Brebis.

On donne à la Vigne les quatre travaux ordinaires dans leurs saisons; mais il est bon de remarquer une chose, qu'on n'observe presque pas en Champagne, qui est, qu'on taille les Vignes dez le mois de Fevrier, & même de Janvier; au-lieu qu'on ne doit jamais commencer de les tailler qu'aprés le quatorze de la Lune de Fevrier; Quand on taille la Vigne devant, elle pousse plûtôt, & elle est exposée à soufrir, & même à mourir, s'il survient des frimats, d'abort aprés qu'elle a été taillée; Lors-qu'on attend aprés le quatorze de la Lune de Fevrier, cela jette bien avant en Fevrier, & souvent en Mars, & le danger des gelées & des frimats est bien moins grand. L'avidité de gagner dans les Vignerons, leur fait entreprendre plus de Vignes qu'ils n'en peuvent façonner ; ce qui les engage à tailler dez le mois de Janvier, & ce qui fait un tort infini aux Vignes, & à la plûpart des plantes, qui s'en ressentent plusieurs années.

On cultive en Champagne deux sortes de Vignes, qu'on apelle, les Vignes hautes, & les Vignes basses. Les Vignes hautes, sont celles, qu'on laisse croitre dans les lieux moins fins, & qui ont quatre, cinq pieds de haut : les Vignes basses sont celles, qu'on ne laisse élever qu'à la hauteur de trois pieds ; on les enterre, ou *ravale*, suivant le terme du Païs, tous les ans, en sorte qu'on n'en laisse paroître qu'un petit bout, & qu'elles sont tous les ans renouvellées, pour ainsi dire. Les Vignes hautes produisent beaucoup, & donnent souvent sept ou huit pieces de Vin commun par arpent : les Vignes basses produisent peu, mais le Vin en est bien plus délicat ; elles ne donnent souvent que deux pieces de Vin par arpent, quelque-fois moins, rarement trois, bien plus rarement quatre.

Afin que le Vin soit plus fin, il faut ôter tous les seps, qui donnent des raisins blancs, & ceux qui donnent des raisins noirs grossiers. On peut se dispenser de les arracher, en les greffant, mais il y a des lieux, où les greffes ne réussissent pas ; & il faut les connoître ; alors il faut arracher ces plantes, & en mettre de nouvelles à racine, qu'on achete, & qu'on fait choisir dans les pépinieres, qui sont communes dans le Païs. On achete ordinairement ces plantes une pistole le mille : un Particulier, qui a beaucoup de Vignes, fait faire lui-même ses pépinieres,

Ces plantes à racine font mifes en terre au moyen d'un grand trou d'un bon pied de profondeur, qu'on fait avec un pieu, ou hoyau droit, ou un pic, & elles produifent plûtôt que les autres, qui n'ont pas de racine : Une plante à racine commence à donner du Vin, peu à la troifiéme année, médiocrement à la quatriéme & cinquiéme, abondamment dans les autres, & pendant plus de foixante ans. On doit *amander* on fumer ces nouvelles plantes à la deuxiéme année, enfuite à la fixiéme, & aprés la huitiéme ou dixiéme année comme les autres feps.

Il feroit à propos, de faire arracher tous les ans une petite partie des vieilles plantes, qui occupent leur place, & qui ne produifent prefque rien; ainfi une Vigne fe trouveroit toûjours toute renouvelée, pour ainfi dire, & en parfaitement bon état.

Quand il fait des rofées, ou des humiditez en May, Juin, Septembre, il ne faut pas laiffer entrer le matin les Vignerons dans les Vignes, parce que la rofée de ces mois étant ordinairement froide, fi le Soleil ne l'attire, elle fait brûler les feüilles des Vignes que l'on touche, avant qu'elle foit attirée. Il eft trés effentiel, de ne pas entrer dans les Vignes, lorfqu'il y a du givre, ou des giboulées, autrement verglas, parce que cela fait certainement mourir les feps fans aucun retour.

Il faut de tems-en-tems faire arracher les herbes, qui croiffent dans les Vignes; Et s'il y vient des *Béches*, animaux pernicieux aux plantes, il faut les faire éplucher, mettre dans des facs, brûler un peu loin de la Vigne, & enterrer les cendres.

Sur la fin de Juin, & même dez le mois de May, fuivant

que la Vigne eſt avancée, il faut faire couper le bout de chaque ſarment, afin que la plante ne croiſſe pas davantage par le haut, & qu'elle porte toute ſa nourriture aux raiſins: Il ſuffit qu'elle ait deux pieds & demi, ou trois au plus ſur terre ; Il faut couper tout le reſte , auſſi-bien que les cimes ou bouts des rejettons, qui viennent du bas ou des côtez de la ſouche ; Ce qui doit ſe faire deux, trois, quatre fois dans l'Eté, ſuivant que la Vigne pouſſe plus ou moins dans certaines années.

Dans la ſaiſon on met un échalat à chaque ſep, pour le ſoutenir ; Il faut le choiſir, autant qu'on peut, de bois de cheſne, & ſur tout acheter des échalats de quartier ou cœur de cheſne, quand on en peut faire la dépenſe ; Ils durent plus de vint ans ; lors-qu'ils ſont une fois aiguiſez, ils le ſont pour toûjours ; parce que quand ils pourriſſent, ils pourriſſent également par tout , & reſtent toûjours pointus. Les autres ne durent guéres que quatre ou cinq ans ; encore faut-il avoir l'œil ſur les Vignerons, lors-qu'ils les aiguiſent tous les ans, afin qu'ils n'en coupent pas trop, & qu'ils n'en caſſent pas pluſieurs qui peuvent ſervir : ſouvent avec le pourri ils coupent deux ou trois pouces du vif, ou du bon de l'échalat , ce qui fait qu'il ne dure pas. On apelle ces échalats des échalats de pied.

Quand on a ainſi bien cultivé & ſoigné la Vigne pendant l'année en la maniere accoûtumée, & que le tems de la Vendange aproche ; quand on a choiſi & préparé la futaille neuve, qu'on croit pouvoir employer, & quand on a lavé, nétoïé, & graiſſé ſon preſſoir, il faut être attentif à trouver le point de maturité des raiſins. Lors-qu'ils ſont trop mûrs, le Vin n'a pas aſſez de montant, s'ils ſont trop

trop verds, il eft dur, plus difficile & plus tardif à boire; Dans les Provinces de Languedoc & de Provence les raifins ont les grains trop gros; Il y en a trop de blancs, on les laiffe trop meurir, ce qui leur donne trop de liqueur; on laiffe trop vieillir les fouches, & on ne les renouvele pas affez fouvent; Elles font plantées pour la plûpart dans de trop bons fonds, ou trop humides, & n'ont pas un affez bon afpect du Soleil.

Pour faire une excellente cuvée, aprés avoir bien examiné le point de maturité des raifins, il faut tâcher de ne vandanger que les jours qu'il y a bien de la rofée; & dans les années chaudes, aprés une petite pluie, quand on eft affés heureux pour l'avoir; Comme les raifins ne font meurs que vers la fin de Septembre, quelque-fois au commencement d'Octobre; on ne manque guéres de rofée dans le tems des Vandanges: Cette rofée donne aux raifins, une fleur en dehors, qu'on apelle *azur*, & au dedans une fraicheur, qui fait, qu'ils ne s'échauffent pas facilement, & que le Vin n'eft pas coloré.

C'eft un bonheur, lors-qu'on peut rencontrer un jour de broüillard, dans les années féches, ce qui arrive quelque-fois; non feulement le Vin en eft plus blanc & plus délicat, mais la quantité en eft bien plus grande; elle augmente prefque d'un quart: Un particulier, qui n'a que douze pieces de Vin, en vandengeant un matin qu'il y a du Soleil fans rofée, en auroit feize & dix-fept, fi ce matin même il faifoit un broüillard; & quatorze ou quinze, fi fans broüillard il y avoit une bonne rofée: La raifon de cela, c'eft, que la rofée, & fur tout le broüillard, attendriffent beaucoup le raifin, en forte que tout tourne en

B

Vin ; Vin qui n'étant pas échauffé dans ce moment, en demeure bien plus blanc, au lieu que quand le Soleil a échauffé la substance du raisin, elle devient plus rouge par le mouvement des parties ; La quantité diminue, ou par la transpiration, ou parce que l'écorce étant plus épaisse & plus endurcie par le Soleil, elle s'exprime plus difficilement : Cette expérience est d'autant plus intéressante, qu'elle est plus certaine.

On convient en Champagne, que le Vin, qu'on appelle de Riviere, est ordinairement plus blanc que celuy de Montagne, & on n'en donne pas la raison. Je crois, que les Vignes, qui sont auprés de la Riviere, joüissent, sur-tout la nuit, d'un air de fraicheur, que la Riviere exhale, au-lieu que les Vignes des Montagnes ne respirent, même durant la nuit, qu'un grand feu, qui provient des exhalaisons de la terre ; Et c'est ce qui fait le plus ou le moins de couleur ; Aussi quand les années sont bien chaudes, on ne peut, ni à la Riviere, ni à la Montagne, se garantir de la couleur ; & quand les années sont froides, ni les Vins de Montagne, ni ceux de Riviere ne sont pas colorez ; C'est cette même raison, qui fait, que les Vins de Riviere sont plus gracieux, plus entrans, ou plus préts à boire, que les autres, qui sont plus durs, plus fumeux, & plus tardifs à être bûs. On appelle Vins de Riviere, *Auvillé*, *Ay*, *Epernay*, *Cumieres*..... *Pierry* est de la petite Rivierre, comme *Fleury*, *Damery*, *Vanteüil*, & autres...... mais *Verzenay*, *Sillery*, *S. Thierry*, *Mailly*, *Rilly*, & quelques autres, sont de la Montagne ; Ces Vins plus tardifs, se soutiennent aussi plus que les premiers, & dans les bonnes années, ils se conservent également bien dans les flacons pendant cinq ou six ans.

On ne cüeille pas indiſtinctement tous les raiſins, ni à toutes les heures du jour, mais on choiſit les plus mûrs & les mieux *azurez*; Les meilleurs ſont ceux, dont les grains ne ſont pas ſerrez, & qui ſont même un peu écartez, parce qu'ils meuriſſent parfaitement; Ceux-là font le Vin le plus exquis; Ceux qui ſont fort ſerrez, ne ſont jamais bien meurs: On les coupe avec un petit couteau courbe, avec le plus de propreté & le moins de queüe que l'on peut, & on les repoſe trés délicatement dans les hôtes, pour n'é-craſer aucun grain. On parcourra avec cent Vandangeuſes une Vigne de trente arpens dans trois ou quatre heures, pour faire une cuvée de dix ou douze pieces. Dans les années humides, il faut bien prendre garde de ne pas mettre dans les hôtes aucun raiſin gâté; Et dans tous les tems, il faut être trés attentif, à couper les grains pourris, ou écraſez, ou tout à fait ſecs; mais il ne faut jamais de-graper les raiſins. On commence à vandanger une demi heure aprés le lever du Soleil; Et ſi le Soleil eſt ſans nuage, & qu'il ſoit un peu ardent ſur les neuf ou dix heures, on ceſſe de vandanger, & on fait ſon *ſac*, qui eſt une cuvée, parce que paſſé cette heure, le raiſin étant échaufé, le Vin ſeroit coloré ou teint de rouge, & demeureroit trop fumeux.

Dans ces occaſions, on prend un plus grand nombre de Vandangeuſes, afin de pouvoir cüeillir un *ſac* dans deux ou trois heures: ſi le tems ſe couvre, on peut van-danger toute la journée, parce que tout le jour le raiſin ſe conſerve dans ſa fraicheur ſur la ſouche. La grande attention doit être de preſſer les Vandangeuſes & les Preſfureurs, afin que le raifin ne foit ni foulé, ni échaufé, quand on le preffe, & il faut faire en forte, que le raifin ait encore fa fleur fous le Preffoir.

Quand les Preffoirs font au-prés des Vignes, il eft plus aifé d'empêcher, que le Vin n'ait de la couleur, parce-qu'on y porte doucement & proprement les raifins en peu de tems; mais quand ils font éloignez de deux ou trois lieuës, comme on eft obligé de mettre la Vandange dans des Tonneaux, que l'on fait foncer dans la Vigne même, & que l'on fait partir inceffamment fur des Charretes, pour la pouvoir preffurer au plûtôt, on ne peut guéres éviter, que le Vin ne foit coloré; excepté dans les années humides & froides.

C'eft un principe certain, que quand les raifins font coupez, plûtôt ils font preffurez, plus le Vin eft blanc & délicat; parce que plus la liqueur demeure dans le marc, plus elle rougit : Ainfi, il importe extremement de hâter la cüillete des raifins & le preffurage.

Les Preffoirs de Champagne font fort beaux; Les Particuliers, qui ont beaucoup de Vignes, ont le leur, ou chez Eux, ou auprés des Vignes même; Dans les petits Lieux les Preffoirs font Bannaux; Il y en a de diverfe groffeur & de différente façon. On en trouvera une defcription exacte de chaque efpéce à la fin de ces obfervations; Et on pourra même en faire graver des plans dans la fuite. Les petits ont environ fept pieds en quarré, les moïens dix ou douze, les grands quinze ou dix-huit. Les moindres qu'on apelle *Etiquets*, coutent fept ou huit cens livres, les feconds, qu'on apelle à *Cage*, ou à *Teiffons*, environ deux mille francs; les plus grands mille écus, & plus quelque-fois, fuivant que les bois font plus ou moins chers dans certains Lieux. En Languedoc & en Provence que les bois font rares, ces fortes de Preffoirs couteroient beaucoup, & peu de gens feroient en état d'en faire la dépenfe.

Quand les raifins ont été pofez fous le Preffoir, ou fur la *Maye*, on met trois perches groffes de dix à douze pouces de tour fur les raifins, une à chaque extremité en long, & la troifiéme au milieu dans le même fens : celles des extremitez fervent à tracer les lignes, que l'on doit fuivre avec les pefles tranchantes, en coupant le marc aux deux côtez, aprés la ferre ou la taille faite ; on pofe fur ces perches & fur les raifins, des planches de la grandeur du Preffoir, & fur ces planches des demi poutres de huit ou neuf pouces en carré, qu'on apelle, *Moïaux*, à un pied de diftance l'un de l'autre ; on met quatre ou cinq rangs de ces *Moïaux* en travers les uns fur les autres, ce qui s'éleve avec le *fac* d'environ quatre à cinq pieds ; on fait pefer fur le tout trois ou quatre groffes poutres, d'un poids immenfe, qui font pofées au milieu du Preffoir en travers ; & foute-nües, d'un bout, par deux fortes Jumelles, qui entrent quinze ou vingt pieds dans Terre, & qui font attachées à des racines, qui les traverfent : à l'autre bout il y a une *cage*, qu'on apelle, ou une roüe, avec une vis, pour élever, & abaiffer enfuite ces groffes poutres fur les *Moïaux*, & preffer ainfi fortement les raifins : On éleve d'abord au moïen d'une vis le bout des arbres du côté de la roüe, ou de la cage, ce qui les fait baiffer à l'autre bout des Jumelles ; on pouffe alors avec une *Muffe* ou gros Maillet deux ou quatre gros coins de bois, entre l'entaille qui eft aux Jumelles & ces mêmes poutres ainſi baiſſées, pour les tenir en état, & les empécher de s'élever, lors-qu'après, on les abaiſſe de l'autre bout par le ſecours de la vis, qui a ſervi à les élever.

On uſe dans ces Preſſoirs de grandes pêles d'acier, larges de près d'un pied, hautes d'un & demi, aſſés lourdes, & tranchantes par le bas, pour couper facilement le marc des raiſins aux quatre côtez.

La premiere fois qu'on abaiſſe ces groſſes poutres ſur les raiſins, on apelle le Vin qui ſort, le Vin de *goute*; c'eſt ce qu'il y a de plus fin & de plus exquis dans le raiſin; ce Vin eſt trop délié, & n'a pas aſſés de corps : On nomme ce premier preſſurage *l'abaiſſement* ; Il faut le faire avec beaucoup de dextérité & de viteſſe, afin de relever d'abord les poutres, de remettre inceſſamment les raiſins, qui ont coulé par les côtez tout au tour, ſur le milieu, charger vite, & preſſer de même une deuxiéme & troiſiéme fois. On apelle ces deux autres abaiſſemens de poutres la premiere & deuxiéme Taille ; Il faut qu'elles ſoient faites en moins d'une heure, ſi on veut que le Vin ſoit bien blanc, parce qu'on ne donne pas le tems aux raiſins de s'échaufer, ni à la liqueur celuy de ſéjourner dans le marc.

On mêle ordinairement le Vin de l'abaiſſement avec celuy de la premiere & de la deuxiéme Taille; quelquefois, mais rarement, avec celuy de la troiſiéme, ſelon que les années ſont plus ou moins chaudes; & c'eſt ce qu'on apelle une cuvée de Vin fin : Quelques-uns conſervent un ou deux carteaux de la premiere goute, qui eſt celuy de l'abaiſſement ſeul; mais il eſt trop delié ou trop ſpiritueux, & il n'a pas aſſés de corps de Vin.

Il y a des Gens habiles, qui prétendent, qu'on ne doit mêler les Vins de l'abaissement qu'avec ceux de la premiere Taille, parce qu'il est bien plus délicat, que celuy de la seconde & de la troisiéme, & qu'on est d'ailleurs assés à tems à les mêler dans la suite, si on les trouve assés fins, & assés blancs, au lieu qu'il n'y a pas de retour, quand on l'a fait au commencement.

A chaque Taille, on éleve les grosses poutres, on ôte tous les moïaux avec les planches, & les perches, qui sont immédiatement sur les raisins, ou sur le marc ; avec les pêles tranchantes, on coupe ce marc aux quatre côtez, on remet dessus avec des pêles de bois ce qui est coupé, & on l'étend également par tout sur le quarré, afin qu'il ne s'écarte pas si facilement ; c'est à dire, aux Pressoirs, qu'on apelle, *Etiquets* ; attendu que la roüe, qui est sur le milieu, fait péser également le mouton sur toute la largeur, de sorte qu'il faut que le sac soit égal ; au lieu qu'aux Pressoirs à *Cage*, ou à *Teissons*, comme les poutres pesent plus du côté de la roüe que du côté des coins, il faut qu'il y ait plus de marc, ou que le sac aille un peu en talus, en montant vers la roüe, que vers le côté des coins ; ce qui se comprendra facilement en voïant les descriptions des différens Pressoirs : Il faut observer encore, qu'à chaque fois, qu'on coupe les raisins ou le marc, on resserre le sac, afin qu'il ait toûjours une certaine élevation ; en sorte que sur la fin, il est un tiers moins grand qu'au commencement.

La seconde Taille est plus abondante que l'abaissement, & que la premiere, parce que les raisins commencent d'être bien écrasez, & qu'ils ne glissent pas tant sur les côtez.

Le Vin, en coulant du Preſſoir dans un poinçon dé-
foncé par le haut, ou un autre grand vaſe préparé, & enfoncé dans la Terre ſur le devant pour le recevoir, paroît
tirer un peu ſur le rouge, mais il perd ce peu de couleur,
à meſure qu'il boult, & qu'il s'éclaircit dans le tonneau,
& il reſte tout à fait blanc, ſur tout quand on preſſe les
deux premieres Tailles avec beaucoup de viteſſe ; mais
principalement, quand on a cüeilli les raiſins pendant la
roſée, ou avec un tems couvert : Quoi-que ces Vins ſoient
blancs, on les apelle des Vins gris, à cauſe qu'ils ne ſont
faits qu'avec des raiſins noirs.

Si l'année eſt chaude, & que le Vin de la troiſiéme
Taille ait de la Couleur, il faut le mêler, non avec celuy
des précédentes ; mais avec celuy de la quatriéme, quelque-fois, mais rarement, avec celuy de la cinquiéme.
On ne ſe preſſe point tant pour ces Tailles que pour les
premieres ; on met une bonne demi heure d'intervalle de
l'une à l'autre ; le Vin qui en ſort, a de la couleur plus que
celle, qu'on nomme oëil de Perdrix ; on l'apelle le Vin de
Taille ; Il eſt fort de Vin, gracieux, coulant, bon pour un
ordinaire, meilleur quand il eſt ſuranné.

Quand le Vin de la quatriéme Taille eſt trop couvert, on
ne le mêle pas avec le Vin de Taille, mais on le garde, pour
le mêler avec le Vin de la cinquiéme, ſixiéme, & ſeptiéme
Taille, qu'on apelle le Vin de Preſſoir, qui eſt tres rouge,
aſſés dur, mais propre pour la boiſſon des Domeſtiques.
Lors-qu'on n'eſt pas preſſé, on met une bonne heure &
demi d'intervalle entre chacune de ces trois dernieres
Tailles ; tant pour donner le tems au Vin de couler inſenſiblement, que pour laiſſer aux Preſſureurs celuy de dor-
mir,

mir, ou de se reposer; cette fatigue étant des plus rudes, puis-qu'il faut la soutenir jour & nuit pendant environ trois semaines. Les Pressoirs de Champagne pressent si fort les raisins, qu'à la fin, le marc est dur comme une pierre: on met ce marc dans de vieilles futailles, que l'on fait foncer, & on le vend encore à Gens, qui en tirent une Eau de Vie tres mauvaise au goût, qu'on apelle, Eau de Vie d'Aixne, mais qui est utile à bien des choses.

Ceux qui ont bien des Vignes font ainsi deux, trois, quatre cuvées de Vin fin, en choisissant toûjours les raisins les plus délicats & les plus meurs pour les premieres: Elles sont toûjours fort supérieures les unes aux autres pour la bonté & pour le prix; en sorte que si le Vin d'une premiere cuvée se vend 600 l. la queüe, celuy de la seconde ne se vendra que 450 l. & celuy de la troisiéme 250 l. quoy-que tous ces Vins ne soient que d'une même Vigne.

Dans chaque cuvée, il y a ordinairement les deux tiers de Vin fin, un demi tiers de Vin de Taille, & un demi tiers de celuy de Pressoir; Ainsi, une cuvée de quinze ou seize pieces de Vin, sera de neuf ou dix de fin, trois ou quatre de Taille, & deux ou trois de Pressoir.

Des raisins noirs communs, qui restent après une seconde, ou troisiéme cuvée, on en fait une avec ceux, qui ne sont pas bien meurs, & qu'on appelle Verderons; On fait du tout un Vin assés coloré, qu'on vend pour les Gens de la Campagne, ou qui sert pour les Domestiques: On laisse même ces raisins deux jours entiers dans une cuve, avant de les pressurer, afin que le Vin en soit plus rouge, & on mêle tout ce qui provient des diverses Tailles de cette Vandange.

C

Les raifins blancs n'entrent point dans cette cuvée ; on les laiffe fur fouche jufques vers la Touffaint, quelquefois vers le huit ou le dix de Novembre, qu'il fait des matinées froides ; pour en faire un Vin *bourru*, qu'on apelle, qu'on fait vendre & débiter prefque tout chaud ; ce Vin eft encore meilleur, quand les raifins ont foufert en Octobre ou Novembre des gelées blanches, ou du moins des matinées bien froides : Un peu de pourriture dans quelques-uns de ces raifins ne fait point de mal ; Il faut feulement avoir foin de bien laiffer dégorger & purifier le Vin. On peut mêler ce Vin blanc avec le Vin de Taille, fi on veut, au cas qu'on ne puiffe pas le débiter d'abort après qu'il a boüilli ; cela fait un fort bon Vin de boiffon affés clairet, qui a bien du corps.

Tous les Vins fins doivent être mis dans de la futaille neuve, on peut auffi y mettre ceux de Taille ; mais les Vins rouges des Verderons, & de Preffoir, peuvent être mis dans de la vieille, mais bonne futaille. Il ne faut jamais foufrer les tonneaux ; on doit feulement les laver avec de l'eau commune, peu de tems avant de les remplir, & les bien laiffer écouler : On peut mêler dans cette eau quelques poignées de fleurs ou feüilles de Pefchers ; on prétend, que cela fait bien pour le Vin.

On ne fe fert guéres en Champagne que de piéces & de carteaux ou cacques. La Jauge de la Riviere eft différente de celle de la Montagne ; les piéces de Riviere contiennent chacune environ deux cent dix pintes méfure de Paris, le carteau cent cinq : la piéce de Montagne contient près de deux cent quarante pintes, au moins deux cens trente, méfure de Paris, & le carteau cent quinze ou cent vint.

On marque regulierement avec de la craïe chaque piéce & chaque carteau avec des lettres blanches, qui dénotent la premiere, la deuxiéme ou troisiéme cuvée, le Vin de Taille, de Preffoir, le Vin blanc & celuy de Verderon; on marque auffi le nom de la Vigne, d'où font venus les raifins.

Depuis peu d'années quelques Particuliers ont entrepris de faire en Champagne du Vin auffi rouge que celuy de Bourgogne, & ils ont affés bien réüffi pour la couleur; mais à mon fens, ces fortes de Vins ne valent pas tout-à-fait ceux de Bourgogne, & il s'en faut qu'ils ne foient auffi moëleux, ni même fi agréables au goût; Bien des Gens cependant en demandent; quelques-uns même les trouvent meilleurs : Et comme les Vins gris font un peu tombez, il s'en eft fait l'année derniere bien des rouges en Champagne; ces Vins font bons pour la Flandres, où on les débite fans peine pour du Bourgogne : De tous les Vins, il n'en eft pas de meilleur pour la fanté, ni de plus agréable au goût, qu'un Vin gris de Champagne, couleur d'oëil de Perdrix, ou le Vin des deux premieres Tailles d'une premiere cuvée dans les années un peu chaudes. Ce Vin a un corps, une féve, un montant, un baume ou parfum, une pointe, & une délicateffe, qui éffacent tout ce que la Bourgogne a de plus exquis; Et ce qui doit engager à en faire ufage, c'eft fa legereté, qui le fait couler, & paffer bien plus vite, qu'aucun autre Vin du Roïaume. C'eft une erreur de croire, que le Vin de Champagne puiffe donner la goute; On ne voit prefque aucun gouteux dans cette Province; Il ne faut pas de meilleur preuve.

Pour faire du bon Vin rouge en Champagne, il faut

cüeillir les raifins noirs dans le fort de la chaleur, les bien choifir, éviter foigneufement d'y mêler des raifins de Treille, ni des Verderons, ou de ceux qui font en partie pourris; les mettre deux jours dans une cuve, où la liqueur rougit par la chaleur qu'elle y prend; Quelques heures avant de les mettre fous le Preffoir, on doit les fouler avec les pieds, & faire mêler le jus avec le marc; fans cela le Vin n'eft pas affés rouge; fi on le laiffe plus de deux jours dans la cuve, il fent la grape; fi on y mêle le Vin de Preffoir, il eft trop groffier, trop dur, & trop âpre. Si on veut en Champagne continuer à faire du Vin bien rouge, il faut prendre le parti de faire fouler les raifins, comme en Bourgogne, & de laiffer le tout trois, quatre ou cinq jours dans une cuve; Mais comme le Vin rouge de Champagne ne vaudra jamais le bon Bourgogne, la réputation des Vins gris tombera dans peu, le Public en perdra infenfiblement le goût, & cela fera un tort infini à la Province.

La cuvée faite, & les tonneaux marquez, on les range dans un Cellier, ou dans une Cour, au plein pied du Preffoir ou de la Maifon: Ceux qui ont bien du Vin, & qui font les plus oëconomes, ont grand foin de ramaffer l'écume, qui fort de chaque tonneau, pendant que les Vins boüillent, au moïen d'une efpéce d'entonnoir de fer blanc, fait en pente en dehors, qui laiffe tomber cette écume dans une écuelle de bois, qu'on place entre deux tonneaux; on jette enfuite ces écumes dans les Vins de Preffoir; Peu de gens cépendant ufent de cette éfpéce d'oëconomie.

On laiffe boüillir les Vins gris dans les tonneaux pendant dix ou douze jours, parce qu'ils fe dégorgent, ou purifient plus ou moins tard, felon qu'ils ont plus ou moins

de chaleur, ou que les années font plus ou moins chaudes.
Aprés que le Vin a ceffé de boüillir, on bondonne les
tonneaux par le grand trou ; on en laiffe à côté fur le devant un ouvert, grand comme un petit liard, pour pouvoir y entrer un doit ; on l'apelle le *Broqueleur* : on le
ferme auffi dix ou douze jours aprés, avec une cheville de
bois haute de deux pouces, pour pouvoir l'ôter & la mettre
facilement : Tant que les Vins boüillent, il faut tenir les
tonneaux prefque pleins, pour leur donner moïen de jetter
dehors tout ce qu'ils ont d'impur ; Il faut pour cela les remplir tous les trois jours à deux doits prés du bondon ; aprés
qu'on les a bondonnez ; il faut les remplir tous les huit
jours par le petit trou pendant deux ou trois femaines,
enfuite, une fois tous les quinze jours durant un mois ou
deux ; & enfin une fois tous les deux mois, tant que le Vin
refte dans la Cave, y fût-il des années.

Quand les Vins n'ont pas affés de corps, ou qu'ils font
trop verts, comme il arrive ordinairement dans les années
humides & froides, & lors-qu'ils ont trop de liqueur,
comme dans les années chaudes & feiches ; trois femaines
aprés que les Vins font faits, il faut les rouler dans les
tonneaux, leur faire faire cinq ou fix tours pour les bien
mêler avec leur lie, & continuer ainfi de huit en huit jours
durant trois ou quatre femaines : Ce mélange réïteré, de la
lie avec le Vin, le fortifie, l'adoucit, le meurit, le rend plus
entrant, & accelere le tems, où on peut le boire, à peu
prés comme fait le tranfport des Vins d'un Lieu à un autre.

Il faut laiffer les Vins dans le Cellier jufques vers le dix
d'Avril, qu'il faut les defcendre à la Cave ; Dez qu'il commence à faire froid il faut les remonter au Cellier : Il importe

d'obſerver pour ce ſujet, que les Vins doivent toûjours être dans des lieux frais, & ne ſoufrir jamais le chaud; Et comme les Caves ſont fraiches l'Eté, & chaudes l'hiver; dez qu'il commence à faire chaud, il faut deſcendre les Vins, ſoit en piéces, ſoit en flacons, dans les Caves; quand il commence à faire froid, il faut les remonter au Cellier.

On n'a jamais rien imaginé de mieux & de plus utile que la maniere de tirer les Vins au clair. On eſt convaincu par une expérience certaine, que c'eſt la lie, qui fait gâter les Vins, & qu'ils ne ſont jamais plus beaux, ni plus vifs, que quand ils ſont bien ſoutirez: ſoit qu'on veüille les mettre en flacons, ſoit qu'on veüille les laiſſer dans les piéces, il faut toûjours les tranſvaſer, au moins deux fois, dans un autre tonneau bien lavé, & laiſſer la lie dans le précédent.

Il faut ſoutirer les Vins, la premiere fois, vers la mi-Décembre, la ſeconde, vers la mi-Février, & les coler en Mars ou Avril, huit jours ou environ avant de les mettre en flacons. Pour chaque piéce de Vin il faut de la cole de Poiſſon la plus blanche, du poids d'un écu dor, peſant deux deniers quinze grains, ou ſoixante-trois grains. On prend de la cole, autant de fois le poids d'un écu d'or, qu'on a de piéces de Vin à tirer au clair; on met cette quantité de cole dans une ou deux pintes du même Vin, dans un ſceau pendant un jour ou deux, pour luy donner le tems de ſe diſſoudre; d'autres la mettent dans un verre, ou dans une pinte d'eau, ſelon la quantité, afin d'accélerer la diſſolution, qui eſt toûjours aſſés difficile; quelques-uns y mêlent chopine, ou pinte d'eſprit de Vin, ou d'excellente eau de vie; Quand la cole eſt ramolie, on la manie bien, pour la diviſer, & la faire diſtribuer; lors-que ſes parties commencent à ſe ſéparer, on jette dans le sceau, ou dans le vase, où s'est faite cette dissolution, autant de pintes de Vin, qu'on a de tonneaux ou de piéces à soûtirer ; on remanie bien encore cette cole ; on la passe dans un couloir, dont les trous doivent être des plus petits : On y rejette souvent du même Vin, pour la bien délaïer ; Et quand il ne reste plus rien dans le couloir, on passe toute cette liqueur au travers d'un linge, qu'on exprime bien : On en jette ensuite une bonne pinte au moins dans chaque tonneau, moitié dans chaque carteau ; on remüe le Vin de la piéce en tournant avec un bâton jusques vers le milieu, sans faire descendre le bâton plus avant ; Il suffit de remuer ainsi le Vin pendant l'espace de trois ou quatre minutes. Un Particulier a imaginé nouvelement une maniére plus prompte, de dissoudre cette cole ; aprés qu'elle a trempé un jour dans de l'eau, il la fait fondre sur le feu dans un poëslon, & il la reduit en boule, comme un morceau de pâte ; il la jette ensuite dans le Vin, où elle se distribue avec moins de difficulté. De quelque maniere qu'on veüille la dissoudre, il faut prendre garde, de ne pas la noïer d'abort, & ne la mettre que dans une quantité d'eau ou de Vin proportionnée à celle de la cole.

La cole fait ordinairement son effet en deux ou trois jours ; Il y a des tems, où elle est les six & les huit jours, sans avoir clarifié le Vin ; Il faut cépendant attendre qu'il soit clair, pour pouvoir le transvaser : Dans l'hiver les tems sont quelque fois si peu propres pour cela, qu'il faut rejeter une seconde fois de la cole dans la piéce ; mais alors on ne met que moitié du poids de la premiere. Lors-qu'il géle, ou qu'il fait un tems serain, & froid, le Vin se clarifie parfaitement, & en moins de jours; Il a une couleur plus vive & plus brillante, que quand on le cole, & qu'on le tire avec des tems mols & humides.

Dez que les Vins font clairs, il faut les foutirer & les changer de tonneau; Il fuffit de quatre ou cinq futailles neuves pour foûtirer deux cens & trois cens piéces de Vin, parce que dez qu'on a vuidé une piéce, on en ôte la lie, qu'on met dans de vieux tonneaux, on la lave bien, & elle fert pour y en tranfvafer une autre.

Rien n'eft fi curieux, que le fécrét, qu'on a imaginé en Champagne, pour foûtirer les Vins, fans déplacer les tonneaux. On a d'abord un tuïau de cuir, comme un boïau, long de quatre à cinq pieds, gros par le tour d'environ fix à fept pouces, bien coufu tout au long avec une double couture, afin que le Vin ne puiffe pas couler au travers; Il y a aux deux extremitez un canon, ou tuïau de bois, long d'environ dix ou douze pouces, gros de fix ou fept de tour par un bout, & d'environ quatre par l'autre : Le gros bout de chaque tuïau eft enchaffé dans le boïau de cuir, & bien attaché avec du fil gros en dehors, de forte que le Vin ne puiffe pas fuïr : on ôte le tampon qui eft au bas du tonneau, qu'on veut remplir, & on y met avec un Maillet de bois l'un des tuïaux; qu'on frape fur une efpéce de mentoniere qui eft à chacun de ces tuïaux, laquelle avance de près de deux pouces, à un pouce au deffous du gros bout, & qui fe perd infenfiblement en allant vers le petit : On met une groffe fontaine de métail au bas du tonneau, qu'on veut vuider, & on fait entrer de même dans cette fontaine le petit bout de l'autre tuïau de bois attaché au boïau de cuir; on ouvre enfuite la fontaine, & fans le fecours de

Perfonne,

Personne, presque la moitié du tonneau plein passe dans le
vuide par la pesanteur de la liqueur ; Dez qu'elle est par-
venue presqu'au niveau, & qu'elle ne coule plus, on a recours à une espéce de souflet d'une construction toute par-
ticuliere, pour forcer le Vin, à quitter le tonneau qu'on
veut vuider, & à entrer dans celuy qu'on veut remplir.

Ces sortes de souflets ont environ trois pieds de long,
& un pied & demi de large : Ils sont construits & figurez
en la maniere ordinaire, jusqu'à quatre pouces du petit
bout ; mais à cette distance le souflet a encore trois ou
quatre pouces de large ; En dedans de cet endroit, l'air ne
passe que par un trou grand d'un pouce : auprès de ce trou,
du côté du petit bout du souflet, il y a une piece de cuir,
comme une languete ou soupape, qui y est attachée, &
qui se serre contre le trou, & le bouche, quand on leve le
souflet pour prendre de lair, afin que l'air, qui est une fois
passé par ce trou, & qui est entré dans le tonneau, ne puisse
pas revenir dans le souflet ; lequel ne reprend un nouvel
air, que par les trous du dessous, pour se remplir.

L'extremité de ce souflet est différente des autres, étant
toute fermée par un tuïau de bois d'un pied de long, qui
est emboité, colé, & étroitement attaché par de bonnes
chevilles au bout du souflet, pour conduire l'air en bas ; ce
tuïau est arrondi & gros en dehors d'environ neuf ou dix
pouces de tour par le haut, & diminue insensiblement vers
le petit bout, pour pouvoir entrer commodement dans les
piéces par le trou du bondon, & les fermer luy-même si
bien, que l'air ne puisse entrer ni sortir tout au tour. Ce
tuïau passe pour cet effet de deux pouces sur le niveau du
bout du souflet, & est fait en demi rond par le haut, pour

D

pouvoir être frapé avec un Maillet de bois, & enfoncé dans le tonneau ; Il y a même deux doits au deſſous du bout d'en haut de ce tuïau, un crochet de fer d'un pied de long, paſſé dans un anneau de fer, qui eſt cloüé à ce même tuïau, afin de pouvoir avec ce crochet attacher le ſouflet aux cercles du tonneau ; ſans quoi la force de l'air feroit reſſortir le ſouflet par le trou du bondon, & l'opération de la vuidange du Vin ne ſe feroit pas.

La méchanique de ce ſouflet ainſi décrit eſt facile à concevoir : L'air entre par les trous du deſſous en la maniere ordinaire ; Il avance vers le bout, à meſure que l'on preſſe le ſouflet ; Il y trouve un tuïau, qui le fait deſcendre en bas ; mais pour l'empêcher de remonter, comme il feroit, quand on ouvre le ſouflet, pour luy redonner un nouvel air, il y a cette eſpéce de ſoupape, ou languete de cuir, que nous avons dit être derriere un trou avancé à trois ou quatre pouces du bout du ſouflet, qui ferme ce trou, à meſure qu'on veut reprendre un nouvel air ; ce nouvel air ſe pouſſe facilement encore, en preſſant le ſouflet, dans le tuïau, parce que cette languete s'ouvre à meſure qu'elle eſt pouſſée par l'air ; Ainſi il entre toûjours un nouvel air dans le tonneau, ſans en pouvoir ſortir, à cauſe qu'il ſe trouve bondonné par le même tuïau qui luy porte l'air, que la languete empéche de remonter : La force de cet air, qu'on pouſſe continuelement, en preſſant fortement le ſouflet, preſſe également la ſuperficie du Vin dans toute l'étendüe de la piéce, ſans cauſer la moindre agitation dans le Vin, & le force à paſſer par le bas dans le boïau de cuir, & de là, dans l'autre tonneau, qu'on veut remplir, où il monte, parce que l'air eſt chaſſé vers le trou du bondon, qui eſt ouvert,

Ce fouflet pouffe tout le Vin du tonneau jufqu'à dix ou douze pintes près, ce qu'on connoît lors-qu'on entend fifler le Vin à la fontaine ; alors, on ôte des deux tonneaux, les deux tuïaux qui y font enfoncez, & qui font attachez au boïau de cuir ; on bondonne promtement par le bas la piéce, que l'on remplit, avec un bondon de chefne fait au tour un peu en talus, & on le force avec un Maillet : à l'autre tonneau qu'on vuide, on tire le canon ou tuïau de bois, de la fontaine de métail, & on laiffe couler doucement encore quelques pintes de Vin clair dans un vafe qui le reçoit ; on obferve avec attention, à tout moment, dans un verre fin, fi le Vin eft bien net ; dez qu'on y aperçoit la moindre chofe, fans attendre qu'il paroiffe louche, on ferme la fontaine, on l'ôte d'abord après, & l'on jette dans un bacquet le peu de Vin qui refte dans la piéce : Ce qui a coulé de Vin clair par la fontaine, on le met dans le tonneau que l'on remplit ; On fe fert pour cet effet d'un entonnoir de fer blanc, dont la quëue a plus d'un pied, afin que le Vin qui en tombe ne caufe point d'agitation dans celuy de la piéce ; Et pour qu'il ne paffe aucune ordure dans le Vin, il y a vers le fond de l'entonnoir une plaque de fer blanc auffi, toute percée de petits trous, ce qui empêche, qu'il n'entre rien de groffier dans la piéce. On ramaffe dans un tonneau féparé tous ces petits reftes des piéces vuides ; D'abord après qu'on en a vuidé une, ce qui fe fait en moins de demi heure, on la fait laver avec un fceau d'eau, on la laiffe écouler quelques momens, & on la remplit d'une autre, que l'on foûtire.

Aprés que le Vin a été ainfi tranfvafé une premiere fois, on le foutire une feconde, au tems que nous avons

marqué ; Quelque-fois on eſt forcé de le faire une troiſiéme, pour luy donner une couleur bien vive, s'il ne l'a
pas ; mais quatre jours avant de le changer de tonneau, il
faut luy donner une *friſure*, qu'on appelle, en y jettant
ſeulement un tiers de la cole ordinaire.

Les Perſonnes les plus expérimentées, tranſvaſent leurs
Vins fins autant de fois qu'ils les changent de place, tant
pour les deſcendre à la Cave, que pour les monter au Cellier dans les différentes ſaiſons ; j'en connois, qui dans
quatre ans ont ſoutiré un même Vin juſqu'à douze & treize
fois ; & qui prétendent, que c'eſt ce qui a ſoutenu & con-
ſervé leur Vin, qui n'en a été que plus beau & plus délicat.

Leur principe eſt, que le Vin forme toûjours une lie
fine, qui lui donne de la couleur, que pour le conſerver
bien blanc, il faut le tranſvaſer ſouvent, ſi on ne le met
pas en flacon ; & qu'il ne faut pas craindre d'affoiblir le
Vin par là ; parce-que plus on le remüe, plus on luy re-
donne de la vigueur ; & plus on le ſoutire, plus la couleur
en eſt vive & brillante.

Quoi-que nous aiions dit, qu'il ne faut pas ſoufrer les
tonneaux, on ne laiſſe pas que d'emploïer une méche
ſoufrée, la premiere fois qu'on tranſvaſe le Vin ; On trempe
un morceau de groſſe Toile dans du ſoufre fondu ; on en
coupe, pour chaque piéce de Vin fin, un morceau comme
le petit doit de la main, & une fois plus grand, pour chaque
piéce de Vin commun ; on l'allume, & on le met ſous le
bondon de la piéce, que l'on vuide, avant d'avoir recours
au ſouflet : à meſure que le Vin deſcend, il attire après luy
cette petite odeur de ſoufre, qui n'eſt pas aſſés forte, pour
ſe faire ſentir, mais qui ne laiſſe pas que de donner de la

vivacité à la couleur : on peut en ufer de même une feconde fois, quand on change le Vin de tonneau, à moins
qu'il n'eut pris de l'odeur à la premiere ; alors, il faudroit
le foutirer fans méche, pour luy faire perdre ce goût de
foufre, qu'il ne doit jamais avoir.

Les Vins étant ainfi clairs fins, fe confervent en futaille
deux ou trois ans dans leur bonté, dans les Caves & dans
les Celliers, fur-tout les Vins de Montagne, qui ont bien
du corps ; ceux de Riviere perdent de leur qualité dans
le bois ; Et ou il faut les boire dans la premiere ou deuxiéme année, ou il faut les mettre en flacons. Le Vin fe
conferve tres bien quatre, cinq, & même fix ans dans les
flacons de verre.

L'Ufage des flacons ronds eft tres commun en Champagne ; comme il y a beaucoup de bois dans la Province,
on y a établi bien des verreries, qui ne s'occupent la plûpart, qu'à faire de ces flacons, hauts d'environ dix pouces,
compris les quatre ou cinq du goulot ; ces flacons contiennent ordinairement la pinte de Paris, moins un demi
verre ; Ils fe vendent communement de douze à quinze
francs le cent ; on en a une certaine quantité dans chaque
Maifon ; avant d'entamer une piéce de Vin de boiffon, on
la met dans des flacons, bien rincez & bien écoulez, afin
d'avoir toûjours le Vin d'une piéce également bon.

Quand on veut tirer une piéce de Vin en flacons, on
met une petite fontaine de métail au tonneau, qui a le
trou recourbé par le bas, afin de pouvoir couler dans le
flacon même, au-deffous duquel il y a une cuvete, ou un
baquet, pour ramaffer le Vin, qui pourroit s'écarter : On
bouche à l'inftant fort foigneufement chaque flacon avec

un bon bouchon de liége bien choiſi, qui ne ſoit pas ver-
moulû, mais qui ſoit bien ſolide & bien uni : ces ſortes
de bouchons fins, coutent cinquante ou ſoixante ſols le
cent : On ne ſçauroit avoir trop de circonſpection, à les
bien choiſir; les Vins ne ſe gâtent dans certains flacons,
que parce-que les bouchons ſont defectueux; on doit être
encore tres attentif à ce choix, quand on veut tirer en
flacons des Vins fins, qu'on veut garder ou envoïer. Lors-
qu'on emploïe des flacons, qui ont déja ſervi, il faut les
laver, & y jetter une demi poignée de gros plomb de
chaſſe, avec un peu d'eau, afin de détacher les ordures,
qui auroient pû reſter au fond du flacon, à force de le remuer; Il eſt encore mieux, au lieu du plomb, de ſe ſervir
de tres petits clous, dits, *broquillons*, parce qu'ils em-
portent abſolument tout ce qui auroit pû s'attacher au
verre. Lors-que tous les flacons, qui ont ſervi à vuider
une piéce, ſont remplis, on lie avec une fiſſele forte le
bouchon avec le goulot; & ſi c'eſt du Vin fin, on met
même ordinairement par deſſus, un cachet avec de la cire
d'Eſpagne, afin qu'on ne puiſſe pas changer le Vin, ni le
flacon, & qu'on ſoit ſûr de l'envoi, & de la fidélité des
Domeſtiques; Il y a même des Seigneurs, qui font faire
les flacons à leurs armes, ce qui n'en augmente le prix que
de trente ſols par cent.

Lors-que tous les flacons ſont bien bouchez, fiſſelez,
& cachetez, il faut les mettre dans la Cave ou dans le
Cellier, ſur deux ou trois doits de ſable, à demi renverſez
les uns contre les autres; Quand on les met debout, il ſe
forme une fleur blanche ſur le Vin au haut, entre le petit
vuide qu'il y a du bout du bouchon au Vin; car il ne faut

jamais remplir tout à fait le flacon ; il faut qu'il reste toûjours un petit demi doit de vuide entre le Vin & l'extremité du bouchon ; sans cela quand le Vin viendroit à travailler dans les différentes saisons de l'année , il casseroit une grande quantité de flacons ; encore s'en casse-t'il beaucoup , malgré toutes les précautions que l'on peut prendre , sur-tout quand le Vin a bien de la chaleur , ou qu'il est un peu verd.

Il y a des années , où le Vin graisse dans les flacons , dans les Caves même , en sorte qu'il file , lors-qu'on veut le vuider , comme s'il y avoit de l'huile , & qu'on n'en sçauroit boire ; mais c'est pour-ainsi-dire une maladie , qui prend au Vin , & qui passe au bout de quelques mois , même sans le déplacer ; si on le met à l'air , il se degraisse plûtôt qu'en le laissant dans la Cave ; Il se remettra en huit jours dans un Grenier bien aëré , ce qu'il ne fera pas quelque-fois dans six mois de Cave ; On peut encore , quand on est pressé de boire d'un Vin gras , agiter fortement un flacon durant l'espace d'un *Miserere* , & le déboucher promtement , dez qu'on cesse de l'agiter ; le flacon panché un peu sur le côté , rejette d'abord un demi verre de mousse ou d'écume , & le reste du Vin se trouve potable , au-lieu qu'il ne l'étoit pas auparavant.

Depuis plus de vint ans le goût des François s'est déterminé au Vin moussueux , & on l'a aimé pour-ainsi-dire jusqu'à la fureur ; On a commencé seulement d'en revenir un peu dans les trois dernieres années. Les sentimens ont été fort partagez sur les principes de cette espéce de Vin ; Les uns ont crû , que c'étoit la force des drogues , qu'on y mettoit , qui le faisoit mousser si fortement , d'autres ont attribué la mouffe à la verdeur des Vins, parce-que la plûpart de ceux qui mouffent font extremement verds; d'autres enfin ont attribué cet effet à la Lune, fuivant les tems que l'on met les Vins en flacons.

Il eft vrai, qu'il y a eu des Marchands de Vin, qui voïant la fureur qu'on avoit pour ces Vins mouffueux, y ont mis fouvent de l'alum, de l'efprit de Vin, de la fiente de pigeons, & bien d'autres drogues, pour le faire mouffer extraordinairement; mais on a une expérience certaine, que le Vin mouffe, lors-qu'il eft mis en flacons depuis la recolte jufqu'au mois de May; Il y en a qui prétendent, que plus on eft près de la recolte, qui a produit le Vin, quand on le met en flacons, plus il mouffe; Plufieurs ne conviennent pas de ce principe; & il n'y en a pas de plus certain, qu'il n'eft aucun tems de l'année, où le Vin mouffe plus qu'à la fin du fecond quartier de la Lune de Mars, ce qui fe trouve toûjours vers la femaine fainte. Il ne faut point d'artifice; on fera toûjours fûr d'avoir un Vin parfaitement mouffueux, lors-qu'on le mettra en flacons, depuis le dix jufqu'au quatorze de la Lune de Mars; on en a une expérience fi réïterée, qu'on ne fçauroit en douter : Il eft bon de fçavoir, que le Vin ne mouffe pas dès qu'il eft dans les flacons; Il luy faut au moins un féjour de fix femaines, & même fouvent de deux mois, pour bien mouffer : S'il eft tranfporté, il faut luy donner près d'un mois de Cave, fur-tout dans l'Eté, pour reprendre fon mouvement.

Mais comme les Vins, fur-tout ceux de Montagne, ne font pas ordinairement affés faits dans la femaine fainte; & qu'ils ont encore trop de verd, ou trop de dureté, fi l'année a été froide & humide; ou trop de liqueur, fi

l'année

l'année a été chaude ; le parti le plus sûr, & le plus avan-
tageux, pour avoir du Vin exquis, & qui mousse parfaitement, est de ne le mettre en flacons qu'à la séve d'Août :
C'est encore une expérience assûrée, qu'il mousse excessi-
vement, lors-qu'il est mis en flacons, depuis le dix jusqu'au
quatorze de la Lune d'Août : Et comme il a perdu alors,
ou son verd ou sa liqueur, on est assûré d'avoir dans ses
flacons le Vin le plus mûr, & le plus moussueux.

On a fait une autre expérience, qui est de ne mettre
le Vin de Montagne en flacons que dans la semaine sainte
de la seconde année, c'est-à-dire, dix & huit mois aprés
la recolte ; & on a trouvé, qu'il moussoit encore assés,
mais moitié moins que celuy, qui avoit été mis en flacons
dans la séve de Mars de l'année d'auparavant. On ne croit
pas, que le Vin de Riviere, qui a moins de corps que
celuy de Montagne, pût autant mousser dans la seconde
année.

Quand on veut du Vin, qui ne mousse pas, il faut le
mettre en flacons, en Octobre, ou Novembre, l'an d'aprés
la recolte ; Si on l'y met en Juin, ou Juillet, il moussera
encore légérement, mais si peu que rien.

Pour trouver dans le Vin de Champagne tout le merite
qu'il peut avoir, il faut le sortir de la Cave un demi quart
d'heure seulement avant de le boire, le mettre dans un
sceau avec deux ou trois livres de glace, déboucher le flacon, & remettre légérement le bouchon dessus ; sans quoi
le Vin feroit casser le flacon, ou ne rafraichiroit pas, s'il
n'étoit pas débouché, & s'évaporeroit, s'il restoit entie-
ment ouvert : Lors-que le flacon a été un petit demi quart
d'heure dans cette glace, il faut l'en tirer ; parce-que le

E

trop de glace luy donneroit trop de roide, & luy feroit perdre sa mousse. On trouve dans le Vin tout ce qu'il a de bon, & un goût même délicieux, quand il est un peu frapé de glace, mais il ne faut pas, qu'il le soit trop, ni trop peu.

Comme les Vins, principalement les Vins de l'année, travaillent continuellement dans les Caves & dans les Celliers, plus encore dans les flacons, que dans les piéces, suivant les différentes saisons, & les diverses impressions de l'air; il ne faut pas être surpris, si le même Vin, sur-tout le Vin nouveau, paroit quelque-fois différent au goût: On trouvera potable en Janvier & Fevrier, un Vin, qui paroitra dur en Mars & Avril, à cause de la séve, qui l'agite davantage; ce même Vin en Juin & Juillet paroitra entierement fait; & en Août & Septembre, on y trouvera encore quelque chose de dur, qu'on n'avoit pû y apercevoir dans les mois précédens, à cause que la séve d'Août aura mis les parties dans un plus grand mouvement; Ainsi le même Vin de l'année, pour ceux de Riviere, souvent de deux ans pour ceux de Montagne, paroit plus ou moins mûr, plus ou moins exquis, plus ou moins entrant, suivant les divers mouvemens qu'il reçoit par les différentes impressions de l'air, qui varient plus sensiblement dans les différentes saisons de l'année.

On doit être d'une extreme attention, à tenir toûjours le Vin dans des lieux frais: Rien ne luy fait plus de tort que la chaleur: Il importe infiniment pour cela, d'avoir de bons Celliers, & d'excellentes Caves: Nulle part du monde, il n'y a d'aussi bonnes Caves qu'en Champagne, aussi ne trouve-t-on que difficilement ailleurs le Vin aussi bon que dans cette même Province.

Ceux qui veulent faire une provision de Vin, qui puisse se conserver deux ou trois ans, ou qui sont chargez d'en envoyer dans les Provinces éloignées, & sur-tout dans les Païs étrangers, doivent choisir du Vin de Montagne ; Comme il a plus de corps, il soutient bien mieux le transport que le Vin de Riviere ; d'ailleurs les Anglois, les Flamans, les Allemans, les Danois, les Suédois veulent des Vins forts, qui puissent suporter le transport, & se soutenir deux ou trois ans dans leur bonté, ce que ne sçauroient faire les Vins de Riviere : Les plus renommez de la Riviere sont, Auvillers, Ay, Epernay........ Pierry, & Cumieres sont de la petite Riviere. Parmi ceux de Montagne ceux de Sillery, Verzenay, Taissy, Mailly, sur-tout Saint Thierry, ont le plus de reputation ; Ce dernier a même été pendant long-tems le plus renommé, & le plus recherché ; & l'on peut dire aussi, qu'il ne céde en rien aux meilleurs de Champagne.

Par toutes les observations, qu'on vient de faire sur-tout ce qui se pratique dans cette Province, pour cultiver & façonner les Vignes ; pour coler, & tirer les Vins au clair, les mettre en flacons, & les monter & descendre des Caves aux Celliers, & des Celliers dans les Caves, les Gens de bon goût dans les Provinces de Bourgogne, Berry, Languedoc, Provence......... qui seront assés curieux, ou assés délicats, pour vouloir faire des Vins, sur-tout pour leur provision, plus exquis, que ceux qu'on a coutume d'y faire, trouveront moïen de les perfectionner : Ils ne donneront pas à leurs Vins la séve de Champagne, mais ils pourront les faire plus clairs ; plus fins, plus legers ; Ils éprouveront,

s'ils ne fe conferveront pas davantage, en les tirant de leur
lie, qu'en les y laiffant, felon leur coutume & leur préjugé,
que l'on croit abfolument faux : Ils feront choifir & trier
le matin à la fraicheur les raifins noirs les plus fins, & dont
les grains font les moins ferrez, comme étant plus mûrs;
en obfervant de leur laiffer le moins de queüe qu'on poůrra:
Au defaut de Preffoir, ils feront fouler d'abord chaque
voiture de raifin fucceffivement ; on en ramaffera le premier moût, qu'on mettra dans des tonneaux neufs d'une
moyenne groffeur ; on achevera de fouler les reftes de
chaque voiture, & on les mettra à l'ordinaire dans les
Cuves, pour moins de jours qu'on n'a de coutume, afin
de faire les Vins communs moins groffiers, & moins cou-
verts ; On pourra par ce moïen faire quatre, cinq, fix
piéces de Vin fin, plus ou moins, felon qu'on trouvera
bon : On le foignera, comme on a dit qu'on fait celůy de
Champagne; Et fi l'on en eft content, on en fera une plus
grande quantité les années d'après, & on le perfectionnera
toûjours davantage par l'expérience ; Dans les Païs, où l'on
pourra avoir commodément des Preffoirs, on y en fera; Les
Vins feront bien plus délicats, plus legers, plus brillants, &
moins colorez par cette attention, & par le moïen de la cole;
plus propres au tranfport, en les tirant de la lie, & fur-tout
en les mettant en flacons. Il y a tels cantons dans les Provinces méridionales du Roïaume, où le grain de Terre eft
tres fin, qui donnera du Vin exquis; Il n'aura pas la féve de
Champagne, mais il en aura une autre fort gracieufe.

Toutes les obfervations, que nous avons faites ferviront
utilement aux Perfonnes qui auront quelque envie, de
faire valoir leurs Vins, ou de boire délicieufement ; Il

faudra fur-tout s'étudier, à avoir de bonnes Caves dans les endroits, où elles feront praticables : Les plus fraiches l'Eté, & les plus chaudes l'Hiver, font toûjours les meilleures.

Il paroîtra à bien des Gens dans ces Païs-cy, qu'on a porté trop loin le détail de ces obfervations ; mais ce n'eft pas pour Eux qu'elles font faites ; On a prétendu parler à des Perfonnes, qui ignorent abfolument toutes ces chofes ; & qui font fi éloignées, de donner la moindre attention à façonner les Vins, qu'elles auront peine à concevoir la plûpart de celles, que nous avons détaillées ; & qui ne pourront pas fe perfuader, qu'on les obferve auffi exactement que l'on fait en Champagne.

Rien n'eft fi étonnant, que l'indifférence que l'on a, dans ces Provinces reculées, où le Vin eft fi abondant, foit pour la culture de la Vigne, foit pour le choix des feps, foit pour la façon, & pour l'entretien des Vins. Le défaut de Preffoirs ne fçauroit être une excufe légitime, que pour difpenfer de faire les Vins tout à fait blancs ; mais à cela près, il ne fe pratique rien en Champagne, qu'on ne puiffe parfaitement imiter ailleurs : Le foûtirage des Vins, la maniere de les coler, & de les mettre en flacons........ tout y eft également poffible, & même facile : Bien des Gens s'enrichiroient, s'ils vouloient s'attacher, avec le fecours de ces obfervations, & de celles qu'ils pourroient faire eux-mêmes, à perfectioner leurs Vins ; Et au-lieu de les vendre un ou deux fols le pot, comme ils font ordinairement, ils les vendroient huit ou dix, & même davantage : Ils auroient la fatisfaction, en augmentant leurs revenus, de voir, que leurs Vins feroient recherchez,

& qu'ils pourroient les débiter non-feulement dans leur Province; mais-même dans les Païs étrangers, aufquels il leur eft bien plus facile de les envoïer, par la voye de la Mer, qu'aux Champenois, de faire tranfporter les leurs, fur des charretes, & par les Rivieres, en Allemagne, & jufques dans le fond du Nord.

Quelques Critiques oppoferont peut-être la différence des climats, qui ne permet pas la même culture pour les mêmes plantes, & qui leur donne par-tout des qualitez différentes, qui demandent des foins divers, & des attentions toutes particulieres : Ce raifonnement pourroit avoir lieu, fi j'avois prétendu parler à Gens, qui s'étudient à faire leurs Vins avec une certaine attention, & à leur donner de la finefle; mais j'ai eu principalement en veüe, en ramaffant ces différentes obfervations, d'inftruire, comme je l'ai dit, des Gens, qui les ignorent toutes, dans des Païs, où elles font pour la plûpart praticables, tant par la bonté des Terroirs, & par la chaleur des climats, que par l'induftrie de ceux qui les habitent.

On fait en Champagne, où les raifins ne meuriffent que difficilement, parce-que le Païs eft froid, des Vins gris, qui font blancs; des Vins véritablement gris, qui font peu colorez; & des Vins veloutez; pourquoi ne pourra-t-on pas faire de toutes ces fortes de Vins en Berry, en Bourgogne, en Languedoc, en Provence......? La chaleur du climat ne permetra peut-être pas, de faire des Vins tout-à-fait blancs avec des raifins noirs; Ils auront un peu de couleur, & ils n'en feront que plus exquis, comme ceux qu'on faifoit il y a cinquante ans en Champagne, & qui dans le fond font meilleurs au goût, & plus favorables à la fanté, que les Vins tout-à-fait blancs, qui ne fe peuvent fervir qu'à la fin des repas.

Toute mon intention, en rendant public ce petit Recuëil de mes Remarques, n'a été que de faire plaifir aux Honnétes-Gens, qui fouhaitent, de pouvoir donner plus d'agrément au Vin, qu'ils font pour leur boiffon; d'animer ceux, qui n'ont jamais penfé, qu'on pût dans leurs Cantons donner plus de merite à leurs Vins, à prendre quelque foin pour les perfectionner; de fournir quelques moïens, pour faire valoir le commerce des Vins des Pro-vinces éloignées, d'obéïr à mes Amis, qui ont voulu, que ces obfervations fuffent données au Public, & de plairre aux Perfonnes, qui ont du goût & de la délicateffe.

DESCRIPTION

D'UN GROS PRESSOIR

A TAISSONS, OU A CAGE.

LE Preſſoir, qui eſt une Machine, ou Force mouvante, imaginée pour tirer le ſuc des raiſins, conſiſte en un aſſemblage de pluſieurs pieces de bois diverſement poſées, qui compoſent trois corps de charpente, étroitement liez enſemble, à la reſerve des Arbres, qui ſervent comme de *Baſſecule*, & de la *Viſſe*, qui les fait mouvoir.

Les grands Preſſoirs ont trente à trente-trois pieds de long ſur douze ou ſeize de large. Pour conſtruire une de ces Machines, on commence par la foüille de la Terre, de quatre pieds de profondeur, ſur ſeize pieds en quarré, dans l'endroit le plus commode du lieu, qu'on a deſtiné pour le Preſſoir : au milieu de cette eſpace creuſé, on bâtit une petite pile de maçonnerie en long, fondée ſur le ferme, de deux pieds d'épaiſſeur, & trois de hauteur, en ſorte qu'elle ſoit ſeulement un pied au deſſous du retz de chauſſée ; On fait une pareille muraille dans le même ſens, c'eſt-à-dire en travers du Preſſoir, à droite & à gauche, aux extrémitez du creux, à pareille diſtance de la pile du milieu, tant pour porter certaines piéces du Preſſoir, que pour contenir les Terres, & les empécher de s'ébouler. Le vuide de trois pieds de haut, qui reſte entre ces trois petits murs, eſt néceſſaire, pour donner de l'air aux bois, & les empécher de pourrir.

Le mur, qui doit être du côté des *Jumelles*, leſquelles on peut placer à droite ou à gauche du Preſſoir, ſelon la plus grande commodité du lieu, doit être auſſi profond que le creux des *Jumelles*, ce qui ſera expliqué cy-deſſous ; & celuy qui ſe trouve du côté des fauſſes Jumelles doit excéder de toute ſon épaiſſeur le quarré du Baſſin, ce qui ſe comprendra plus facilement par la ſuite.

Sur la petite muraille du milieu, on poſe dans ſa longueur une piece de bois, qu'on appelle *faux chantier* ; ſur celle du côté des fauſſes *Jumelles*, on y en place une, qu'on nomme *Soüillar* ; & on fait porter ſur l'autre pile de maçonnerie, qui

ſe trouve

se trouve près des *Jumelles*, les dernieres racines, qui les traversent : Toutes ces piéces doivent être posées de niveau, pour soutenir quatre *Chantiers*, qu'on place dessus, en travers, à distance égale. Ces piéces de chantier doivent excéder, & passer au-delà du mur & du bassin du côté des *Jumelles*, d'environ trois pieds, & être posées sur les racines, pour les empêcher de s'élever ; Il faut aussi donner une pente de trois à quatre pouces sur le devant à ces quatre piéces de *Chantier*, pour faciliter l'écoulement du Vin dans la piéce, qui doit être au dessous du milieu du devant du bassin, pour le recevoir, du côté qu'elle est défoncée.

On place ensuite sur ces quatre *Chantiers*, & en travers, le bassin du Pressoir, qui est fait de piéces de bois, qu'on appelle piéces de *Maye* ; Elles doivent être par les bouts au niveau du haut des *Chantiers*, qui doivent être entaillez de quatre pouces dans la longueur des deux côtez du bassin, pour recevoir & contenir les piéces de *Maye*, en sorte qu'on puisse les serrer de chaque côté avec des coins, après avoir mis dans les jointures du milieu de la *Terre glaize* avec de la mousse, pour empêcher le Vin, de passer au travers : Ces piéces de *Maye* sont simplement jointes ensemble, sans filure ni entaille, pour pouvoir être davantage serrées par les deux extremitez au moïen des coins, qu'on force tout au long, entre l'entaille des *Chantiers* & les bords des dernieres piéces de *Maye*. Il faut que ces piéces soient un peu en dos-d'asne, chacune sur le milieu, pour former une espéce de canal dans chaque jointure, afin de faciliter l'ecoulement du Vin ; on fait aussi pour le même sujet tout au tour des extremitez des piéces de *Maye* une raïe, ou sillon, qui est une espéce de *Gerle*.

Dans l'endroit destiné, pour placer les *Jumelles*, à droite ou à gauche du bassin, on fait un creux, en sorte qu'on y puisse pratiquer une cage de maçonnerie de douze pieds de profondeur, sur huit de longueur & cinq de largeur ; l'une des trois piles de maçonnerie, qui portent le bassin, sert ici d'un côté de muraille aux *Jumelles*, qu'on pose au fond du sol de ladite cage, douze pieds en Terre, & quinze à seize pieds hors du retz de chaussée : On les assemble avec les racines, qui les traversent, sur lesquelles on met des agraffes de bois joignant les *Jumelles*, excepté sur les dernieres, ausquelles les chantiers servent d'agraffes : On fait ensuite la maçonnerie, dans laquelle on encastre les bouts des racines, ainsi que les bouts des agraffes, pour empêcher les *Jumelles* de s'élever ; Les racines doivent être placées à contre-sens des *Chantiers*, qui les entourent ou traversent de trois pieds en trois pieds, avec des queües d'alondre perdües, & des renforts quarrez : On ne remplit pas le vuide qui reste dans cette maçonnerie, afin-que les *Jumelles* & les *racines* ne pourrissent pas si facilement, & qu'on puisse descendre dans ce creux, & y travailler au besoin.

Les *Jumelles* doivent être posées, en sorte qu'elles occupent de leur côté le milieu du bassin, & qu'elles soient inclinées de deux pouces en dehors d'iceluy ; Il faut en équarrir la face du devant, & celles des côtez, & laisser celle de derriere brute, aussi bien que les têtes : On fait à la hauteur du dessous des piéces de *Maye* un repos de deux à trois pouces pour aider à les porter ; Le haut

F

des *Jumelles* s'affemble avec un *Chapeau*, fous lequel eft un *Noyau* porté fur un *Coyar*, dans lequel refide toute la force ou la refiftance du Preffoir : ce *Coyar* doit être en renfort avec clefs & *Amoifes* fous les têtes des *Jumelles*.

Au milieu de l'autre côté du baffin, on pofe fur le *Soüillar*, entre les bouts des *Chantiers*, deux fauffes *Jumelles*, un peu plus efpacées que les véritables, parceque c'eft de ce côté que les Arbres font entaillez à l'adreffe des *Jumelles*, pour ne pouvoir pas reculer, & qu'ils vont en élargiffant un peu vers les fauffes : On les foutient avec quatre contrevents, ou jambes de force, deux en face, & deux par les côtez, qui les butent & les tiennent en état ; ces *contrevents* font portez fur le *Soüillar* & les *Patoureaux*, & enchaffez à l'autre bout jufques vers le milieu des fauffes *Jumelles* ; Elles doivent être percées à quatre pieds de haut, en forte qu'on puiffe y paffer des clefs mouvantes pour le repos des Arbres.

Les fauffes Jumelles doivent être entaillées par le bas, pour recevoir des *Tétars*, qui font comme des chevilles à groffe tête, qui traverfent le *Soüillar*, & font allegées de moitié de leur épaiffeur, pour pouvoir entrer dans les entailles, & être affemblées avec *clefs & clavetes* au travers des fauffes *Jumelles* ; On lie enfemble ces *Jumelles* par le haut avec un *chapeau*, & on les foutient encore par le bas avec les deux *contrevents* de leur côté : Ces *contrevents* font pofez fur des *Patoureaux*, qui s'affemblent dans le *Soüillar*, à queüe d'alondre perdüe, & font portez horizontalement fur une petite pile de maçonnerie de leur grandeur, qui eft comme perdüe dans Terre : Il faut encore de chaque côté un grand *contrevent*, qui traverfe le baffin, & qui lie enfemble devant & derriere les fauffes *Jumelles* avec les véritables ; On les attache au haut des *Jumelles*, & on leur donne un pied & demi de pente à l'endroit où on les emmortoife ou encaftre avec les fauffes.

On creufe encore dans la Terre, du côté des fauffes *Jumelles*, à dix pieds du baffin, une foffe de douze pieds de profondeur, & de dix pieds en quarré, pour y placer les deux *Taiffons*, qui doivent fe joindre par le bas, & être féparez par le gros bout en haut, environ à deux pieds fur le retz de chauffée, en forte que le bout de la *Viffe* puiffe joüer entre deux : Ils doivent être affemblez par le bas avec des racines en queüe d'alondre & des renforts ; & les racines avec des agraffes ; Et par le haut à quinze pouces des têtes, ils doivent être liez avec des *amoifes*, *moifettes*, & *clefs*, qui les empêchent de s'écarter, & de fe raprocher : Le vuide du terrain entre les *Taiffons* & les racines doit être rempli avec de la terre battüe : Les *Amoifes* doivent entrer fept à huit pouces dans le corps des *Taiffons*.

Au milieu des *Amoifes*, il doit y avoir un trou, pour paffer une *Viffe*, qui y defcend perpendiculairement, & qui eft arrondie à cet endroit, & allegée du tiers de fa groffeur : Un pied plus bas que ces *Amoifes* doit être un *Pallier* pofé en renfort du haut en bas en talus, pour le repos de la *Viffe* ; Il doit y avoir fur ce pallier une platine de fer, & à la *Viffe* un pivot pour fon *joüement*. La *Viffe* doit avoir douze pieds de longueur fur treize pouces de groffeur par le haut ; Le *tareau*, ou l'extremité de la *ligne eliffe*, doit être doux de trois pouces & demi,

& doit former un angle quarré ; La *Viſſe* doit paſſer au travers d'une roüe, qu'on place à trois pieds ſur le retz de chauſſée, & qui à cet endroit doit être équarrie, & allegée d'un pouce & demi de ſa groſſeur, pour le placement, & le jeu de la roüe : Cette roüe doit être aſſemblée avec des *embranchemens* & des *courbes*, au travers deſquelles on paſſe diverſes groſſes chevilles, pour pouvoir, avec cinq ou ſix hommes, faire force, & luy donner le mouvement néceſſaire.

On doit enfin placer, à cinq pieds au deſſus du baſſin, deux grands Arbres, qui paſſent entre les vraïes & les fauſſes Jumelles ; Il faut les équarrir & les alléger l'un & l'autre par le gros bout, à la ſeule face qui touche à la Jumelle, y faire un entaille, qui les empêche d'avancer en dehors, & y mettre par derriere une clef, qui les lie & les retienne, pour ne pouvoir pas paſſer en dedans : en ſorte néanmoins qu'ils puiſſent joüer entre les Jumelles, ſans pouvoir changer la place qui leur eſt deſtinée : Ces Arbres doivent être bien dreſſez ſur leur lit, & aſſemblez avec des clefs, de peur qu'ils ne ſe déſuniſſent ; Il faut qu'ils s'ouvrent inſenſiblement, en allant du côté des fauſſes *Jumelles*, & qu'ils ſoient aſſés ſéparez à l'endroit de la *Viſſe*, pour pouvoir luy donner place.

Sur le bout de ces Arbres, il faut aſſembler une *Ecroux*, avec des clefs paſſantes, afin que par ſon moïen, on puiſſe les élever ou les abaiſſer ; de ſorte que ces Arbres doivent monter & deſcendre comme une eſpéce de *Baſſecule*, qui a pour centre les clefs, qui ſont dans les fauſſes Jumelles, lorſ-qu'on laiſſe ces Arbres en repos ; & le *ſac* qui eſt ſur le baſſin, lorſ-que l'on preſſure : Avant de preſſurer, on éleve ces Arbres par le moïen de la *Viſſe*, pour les faire baiſſer un peu du côté des *Jumelles*, afin de pouvoir forcer des coins entre ces Arbres & le *Coyar*, qui eſt ſur les Jumelles ; on les abaiſſe avec la même *Viſſe* du côté des fauſſes Jumelles, aprés qu'on a moulé ſur les raiſins avec les trois perches, les planches & les *moyaux* ; Et avec le ſecours de la roüe qui meut la *Viſſe*, on preſſe fortement le *ſac*.

Les Arbres doivent avoir deux pieds & demi de charge ; Et ſi on n'en trouve pas d'aſſés gros, on en peut mettre deux l'un ſur l'autre de chaque côté, & même trois, s'il eſt néceſſaire : On les lie enſemble avec des clefs en différens endroits, tant ſur le lit que dans les faces, afin qu'ils faſſent tous enſemble, comme s'il n'y en avoit que deux, on dreſſe enfin, au bout du Preſſoir du côté des Jumelles, un petit théatre ſuſpendu pour y monter, & fraper enſuite les coins.

Du gros Preſſoir à Cage.

CEtte eſpéce de Preſſoir ſe conſtruit de même que l'autre, excepté qu'au lieu de *Taiſſons*, on ſe ſert d'une *Cage*. On fait un grand creux en terre de douze pieds de profondeur & de neuf pieds de Diamétre ; pour ſoutenir les terres, on fait une muraille de Maçonnerie tout au tour, en forme de Puis, qui doit avoir ſept pieds de Diamétre, pour pouvoir placer dans cet eſpace une cage de charpente de figure quarrée, bien aſſemblée de *Poteaux, Corniers, Solles, Entreſolles*, & *Croix*

F ij

de S. André ; on fait une maçonnerie folide dans cette cage, enforte qu'elle puiffe pefer environ trois milliers ; On affemble le centre de la cage avec la *Viffe*, afin de pouvoir tourner enfemble, & faire apuïer les Arbres fur les *Moyaux*, pour preffurer les raifins : C'eft comme fi un homme fe fufpendoit par un bout à un bâton, qui feroit fortement arrêté à l'autre bout, & qu'il y eut dans l'entre-deux quelque chofe que l'on voulut preffer. A environ deux ou trois pieds de terre, fe trouve la roüe, au moïen de laquelle, & du poids de la cage, on fait defcendre la *Viffe*, qui abbaiffe les Arbres. La cage doit avoir environ dix pieds de hauteur, fur quatre pieds neuf pouces par chaque face du quarré.

On doit bien prendre garde, pour les Preffoirs à Taiffons, de ne point trop ferrer, parce-qu'on feroit caffer les Arbres, & que l'on briferoit tout, n'y aïant rien de plus fort qu'une *Viffe*. On ne doit pas manquer de faire toutes les entailles à queüe d'alondre fort jufte ; mais fur-tout il faut, que la *Viffe* & l'*Ecroux* foient artiftement travaillées.

Ces grands Preffoirs font en une feule cuvée, ou d'un feul *fac*, de vingt à vingt-cinq piéces de Vin. On peut les faire moins grands d'un quart, & même d'un bon tiers, en forte qu'ils ne puiffent preffurer que de dix à quinze piéces de Vin : En ce cas, il faut diminuer à proportion la grandeur & la groffeur des piéces, que nous allons décrire.

Noms, Grandeur, & Groffeur des Piéces, qui compofent un gros Preffoir.

LEs *Arbres*, de trente-deux à trente-cinq pieds de longueur, doivent faire enfemble de deux pieds & demi à trois pieds de charge.

Les *Jumelles* vingt-huit pieds, fur deux pieds de groffeur par le bas, feize à dix-huit pouces par le haut.

Les *Racines* douze pieds, fur douze à treize pouces de groffeur. Il faut obferver d'y faire les contrequeües d'alondre, pour joindre dans celles des Jumelles ; Les premieres fe pofent à quinze pouces du bas des Jumelles ; on en doit mettre trois à la hauteur de ce qui eft dans terre, les dernieres doivent être au niveau du deffus du faux chantier.

Sur les *Racines* des *Jumelles*, & fur celles des *Taiffons*, fe pofent des *Agrafes* de bois de neuf pieds, fur neuf à dix pouces de groffeur, pour les lier enfemble.

Les *Chantiers* feize pieds, fur quinze à feize pouces en quarré.

Le *Soüillar* dix-huit pieds, fur dix-huit pouces de largeur, & quinze pouces d'épaiffeur.

Les *fauffes Jumelles* quatorze à quinze pieds, fur treize à quatorze pouces de largeur, neuf d'épaiffeur par le bas, & fix par le haut ; Elles doivent être allégées à l'adreffe des clefs, pour le repos des Arbres.

45

Le *Chapeau* des *fauffes Jumelles* fix pieds, fur quatorze pouces de largeur, & neuf à dix d'épaiffeur.

Les *Clefs* des Arbres, à l'adreffe de l'*Ecroux*, cinq pieds & demi, fur huit pouces de groffeur à l'adreffe de la tête, reduites à moitié dans le reste de la longueur.

Les *Clavetes* des clefs quatorze pouces, fur cinq de largeur, & un au moins d'épaiffeur.

Les deux *Contrevents* des fauffes Jumelles huit pieds ou environ, fur quatre à cinq pouces d'épaiffeur; la largeur de même que celle des Jumelles.

Les deux autres *Contrevents* de ces fauffes Jumelles neuf pieds, fur fept à huit pouces d'épaiffeur.

Les *Patoureaux* fix pieds, fur huit à neuf pouces de groffeur.

Les Piéces de *Maye*, qui font le baffin, douze pieds, fur neuf à dix pouces de largeur, & fix d'épaiffeur.

Les grands *Contrevents*, mis comme en bande entre les fauffes Jumelles, fix à fept pouces.

Les deux *Taiffons* quatorze pieds chacun, fur feize pouces de groffeur par la tête, & douze par le bas.

La *Viffe* quinze pouces par le bas avant fon équarriffage, treize pouces à l'adreffe des pas de la *Viffe*, qui forme la *ligne élice*, & douze pieds de longueur.

La *Roüe* dix pieds de diamétre, avec des embranchemens de quatre pouces de groffeur, de même que les courbes, fur lefquelles fortent des chevilles de bois hautes de quatre à cinq pouces, & d'un de diamétre, pour pouvoir mettre huit ou neuf hommes au tour de la roüe.

L'*Ecroux* fix pieds, fur deux pieds de large, & quatorze pouces d'épais; Elle doit être crétée de crétes de fer.

Le *Chapeau* des *Jumelles* fix pieds fur un pied de groffeur, & la même largeur que le haut des Jumelles.

Le *Coyar*, qui fe pofe fous le *Noyau* entre les deux Jumelles, doit avoir la même largeur que les Jumelles, & treize à quatorze pouces d'épaiffeur.

Les *Amoifes*, qui doivent embraffer le haut des Jumelles deux pouces plus haut que le deffous du *Coyar*, un pied de large, fur cinq pouces d'épais.

Le *Noyau* deux pieds de hauteur, fur douze à quatorze pouces de groffeur; Il fe pofe entre le *Coyar* & le *Chapeau*; on paffe en travers des Jumelles & du *Noyau*, une clef qui doit être travaillée fort jufte, parce que c'eft là où refide toute la force du Preffoir.

Les *Coins* deux pieds de longueur, fur neuf à dix pouces de largeur, & fix à fept d'épaiffeur.

La *Cage*, dans les Preffoirs à Cage, dix pieds de longueur ou profondeur, & quatre pieds neuf pouces en quarré, ou aux quatre faces.

Les *Moyaux* huit pieds & demi fur cinq pouces d'un fens, & fix pouces de l'autre.

Toutes ces pièces de bois doivent être de bois de Chefne, à la referve des Villes, qui doivent être de bois d'Orme du plus dur, & des Ecroux, qui doivent être de bois de Noyer. On peut, fuivant les groffeurs des bois qu'on emploïe, faire la plûpart de ces pièces un peu plus longues, ou un peu plus courtes.....

Du Preffoir nommé Etiquet.

CEtte efpéce de Preffoir, qu'on nomme *Etiquet*, eft d'une bien moindre dépenfe que les autres, mais auffi il preffure bien moins de Vin; Il eft cépendant d'une très grande utilité, parce que la plûpart des Particuliers n'ont pas une fi abondante Vandange, & qu'il leur fuffit, de pouvoir faire huit ou dix piéces de Vin à chaque cuvée.

La Conftruction de l'*Etiquet* eft prefque la même que celle des autres Preffoirs: on va expliquer ce qu'il y a de différence.

Le creux, que l'on fait en terre, doit être de quatre pieds de profondeur, quatorze de largeur, & dix-huit de longueur, plus ou moins, felon qu'on veut faire le Preffoir grand ou petit. On fait trois petites murailles de Pierre de taille en travers du Preffoir, qui occupent le deffous du quarré du baffin; on donne deux pieds d'épaiffeur à celle du milieu, & deux & demi à celles des côtez: Il faut laiffer au milieu de chaque mur des côtez une ouverture d'environ vingt pouces en quarré, pour le placement des deux Jumelles, qui fe pofent, l'une au milieu d'un côté du baffin, l'autre au milieu du côté oppofé, & on les incline d'un pouce & demi vers le baffin: Elles doivent être équarries & taillées fur trois de leurs faces, depuis le deffus des chantiers; la tête doit refter brute. Dans les faces, qui regardent le baffin, on creufe une entaille, à la hauteur de deux pieds & demi du baffin, de trois pouces de largeur, quatre pouces de profondeur, & deux pieds de hauteur en montant vers la tête.

On place le faux chantier fur la muraille du milieu, & fur chacune autre on fait pofer deux racines, qui embraffent les Jumelles, & qui font affemblées avec elles par des renforts quarrez & des queües d'alondre perdues: En travers de ces racines & du faux chantier, on met les quatre chantiers, entaillez de même qu'aux autres Preffoirs; ceux du milieu embraffent les Jumelles, & s'affemblent avec elles comme les racines, & ils doivent paffer de huit à neuf pouces les racines, qui font derriere les Jumelles; le deffous des chantiers doit être entaillé d'un pouce & demi à l'adreffe des racines, pour entretenir le tout enfemble: On met fur le tout les pieces de *Maye*, que l'on ferre comme il a été dit, & le baffin eft de même que celui des autres Preffoirs.

L'*Ecroux* doit être plus long de fept à huit pouces que le derriere des Jumelles; & les embraffer de toute leur groffeur; Il eft placé au haut d'icelles, & porté fur des clefs, qui paffent au travers des Jumelles avec des clavettes: Il doit être arrêté derriere les Jumelles, avec une clef; & fur la face, avec quatre barres de fer, faifant un quarré d'un pied & demi, percé aux quatre coins, avec des boulons & des clavetes, à quatre ou cinq pouces près du *Tareau* : Sur l'*Ecroux* on met des planches de fa longueur, qui le traverfent, de forte que les bouts font tournez vers le devant du Preffoir ; fur ces planches on pofe deux *Chapeaux* de même longueur auffi que l'*Ecroux*, qui embraffent le haut des Jumelles fous leur tête, à une entaille qui eft faite à chaque bout, par les faces qui fe joignent : Les chapeaux & les Jumelles doivent être clavetez enfemble ; Il faut mettre quatre contrevents, qui prennent à la tête des Jumelles, & vont jufques fur le milieu de la longueur des chapeaux, avec un renfort à chacun.

On fait enfuite une *Viffe* du même tareau que celle de l'autre Preffoir, avec un quarré par le bas, pour y affembler une roüe, qui doit être pofée horizontalement, bien confolidée avec cette *Viffe*, & affemblée avec des courbes & des embranchemens d'un pied de largeur en croix ; les embranchemens doivent faillir hors les courbes de trois à quatre pouces de la moitié de leur largeur, pour pouvoir contenir le cable, qui doit être au tour de la roüe.

Sous le centre de la roüe on pofe un *Mouton* de la longueur, qui eft entre les deux Jumelles, & de huit pouces de plus, pour y pratiquer à chacun bout une efpéce de *tenon*, qui entre dans l'entaille des Jumelles, dont il a été parlé ; ce *Mouton* doit être foutenu par un boulon de fer, qui entre par le bout de la *Viffe*, pour être retenu & fufpendu avec elle, en forte qu'il puiffe vaciller : Il faut pour cela, que le bout du boulon, qui eft fous le *Mouton* ait du jeu avec la clavete, qui le retient à l'autre bout dans la *Viffe*.

A dix ou douze pieds du Preffoir, on place horizontalement ou perpendiculairement une roüe, avec un *Arbre-tour* auprès, qui doit joüer dans des *Plumars* de bois bien arrêtez : On attache à la roüe, qui eft au haut du baffin, à l'un des embranchemens, ou à une cheville qu'on y enfonce à cet effet, l'oëillet d'un gros cable de deux pouces & demi de diamétre ; on peut faire tourner cette roüe à la main un ou deux tours, avant d'y attacher ce cable ; Il doit faire cinq ou fix tours dans cette roüe, & tenir par l'autre bout à celle qui eft à côté du Preffoir ; On peut y emploïer fept ou huit hommes pour la tourner, & donner tout le mouvement qui convient pour le preffurage.

Il importe beaucoup d'obferver, que lorf-qu'il ne refte plus qu'un tour & demi du cable au tour de la roüe, qui eft fur le baffin, s'il faut encore preffer le *fac*, on doit remettre deux ou trois tours du cable à cette roüe, pour achever le preffurage ; fans cela on rifqueroit de caffer la roüe d'en bas, & d'eftropier les Preffureurs. Lorf-que le fac eft affés ferré, on arrête la roüe perpendiculaire pour une petite demie heure, afin de donner le tems au Vin de s'écouler : A cette forte de Preffoir, il n'y a que le *Mouton*, qui preffe, & qui appuie fur les *Moiaux*, & il tient lieu des arbres, qui font aux autres Preffoirs. Il faut un homme expérimenté, à qui les autres obéiffent, pour conduire le preffurage, & pour couper ou trancher le marc, ainfi qu'il convient à chaque taille.

Piéces particulieres à l'Etiquet.

LEs deux *Jumelles* seize pieds, sur dix-huit à vingt pouces de grosseur.
L'*Ecroux* quinze à seize pieds, sur trois de largeur, s'il se peut.
Les *Chapeaux* seize pieds, sur treize à quatorze pouces de grosseur.
Les *Contrevents* six pieds, sur six à sept pouces de grosseur.
Les *Racines* douze pieds, sur douze à treize pouces de grosseur.
La *Visse* sept à huit pieds de longueur, sur treize pouces à l'adresse de la ligne
    élice, & seize pouces par le bas, à l'adresse du quarré ; Elle doit être en-
    taillée en cet endroit de deux pouces, pour poser la roüe.
Le *Mouton* douze pieds & demi, dix-sept à dix-huit pouces de large sur le milieu,
    & dix par les bouts, huit à dix pouces de large au milieu, reduits à six ou
    sept par les bouts.
La *roüe* du milieu neuf pieds de diamétre, dix à onze pouces de grosseur.
La *roüe* perpendiculaire de pareil diamétre, & cinq à six pouces de grosseur à
    tous les bois.
L'*Arbre-tour* dix à onze pieds, sur huit pouces de diamétre.
Le *faux Chantier*, & les piéces de *Maye* doivent être les mêmes qu'aux autres
    Pressoirs en tout.
Les *Chantiers* dix-huit pieds, & de même largeur & grosseur qu'aux autres
    Pressoirs.
Les *Moiaux*, comme aux autres Pressoirs, c'est-à-dire, sept à huit pieds sur cinq
    à six pouces en quarré.

PÈRMIS d'Imprimer, à Reims, le dix-sept Septembre
mil sept cent dix-huit.

NOUVELET, Lieutenant Général
de Police.

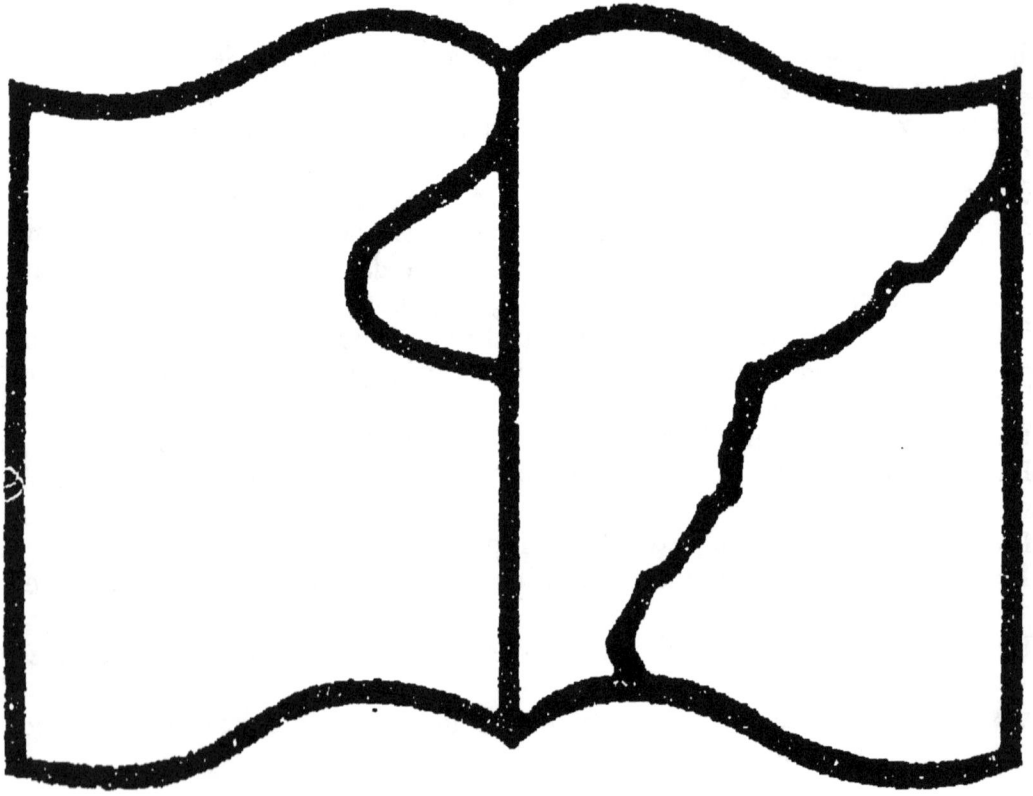

Texte détérioré
Marge(s) coupée(s)

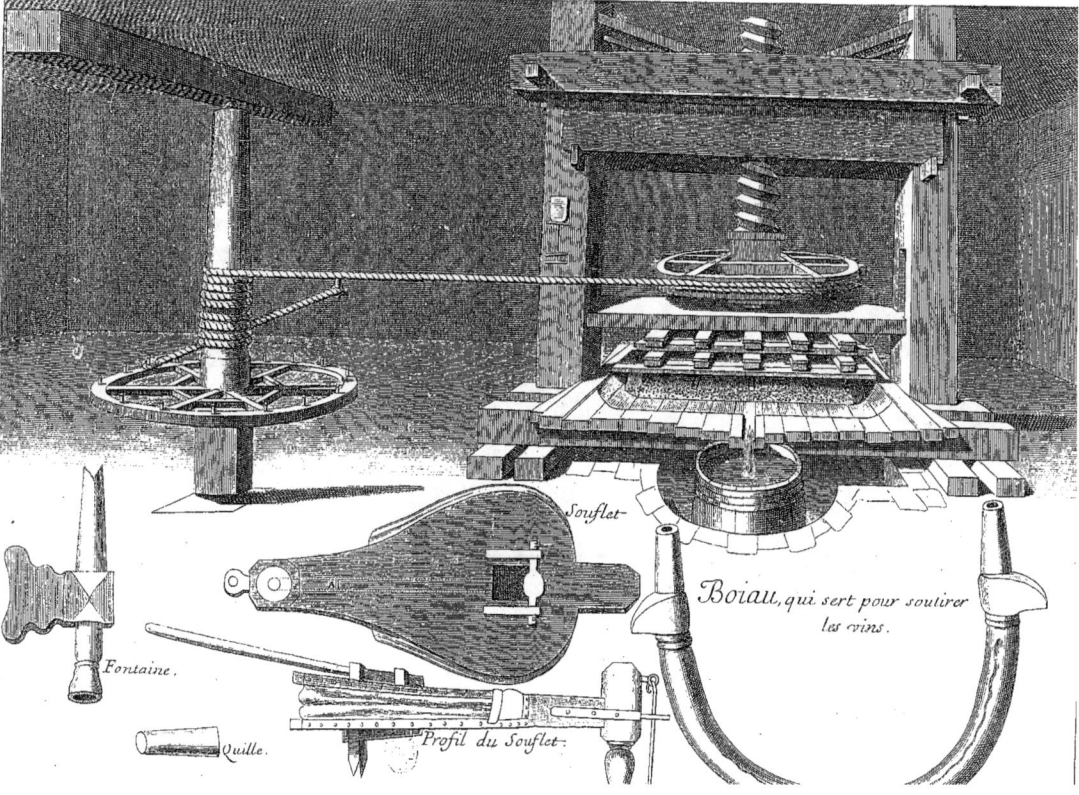

Souflet.

Boïau, qui sert pour soutirer
les vins.

Fontaine.

Quille.

Profil du Souflet.

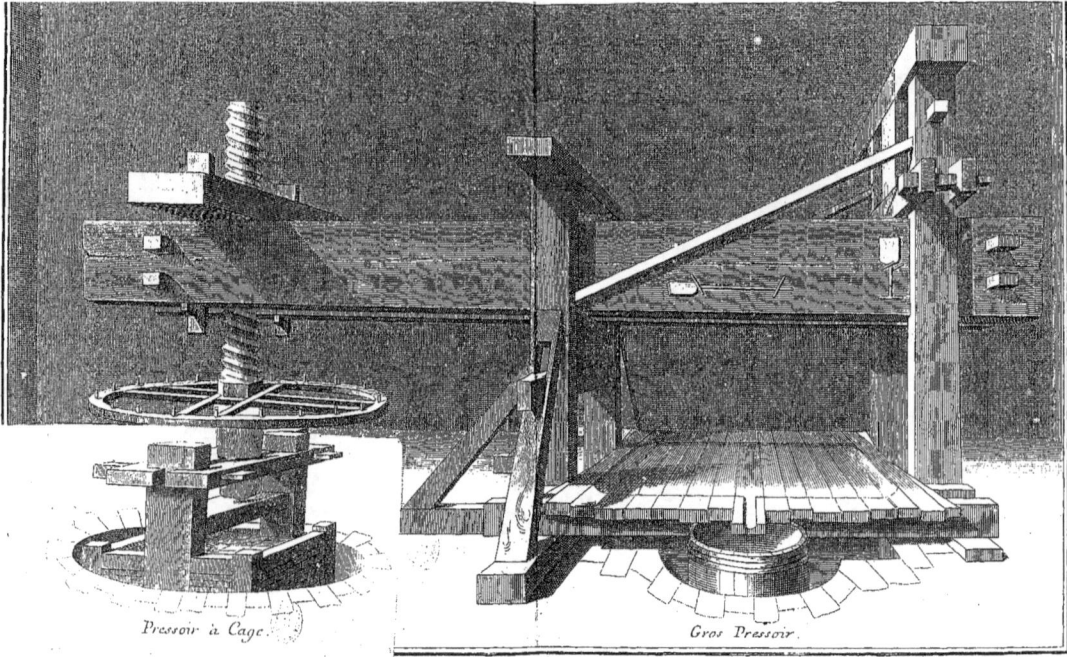

Pressoir à Cage.   Gros Pressoir.

www.ingramcontent.com/pod-product-compliance
Lightning Source LLC
LaVergne TN
LVHW052150080426
835511LV00009B/1766